VOLUME 82

DET INFINITESIMALA UNIVERSUMET

ANDENS MAGNETISKA MASSA INNEHÅLLER INGEN ELEKTRONISK MATERIA

FÖRSTA UPPLAGAN

Carlos L Partidas

Juridiskt nummer för deponering: MI2022000652

ISBN: 979 8372 2521 41

SAPI IMMATERIALRÄTTSLIG REGISTRERING: NR 8074
KOMPENDIUM OM SJUKDOMARS KEMI.
BOLIVARIANSKA REPUBLIKEN VENEZUELA, 07/05/2010

DEDIKATION

TILL DET EVIGA LIVET FÖR ANDAR SOM LEVER VAR SOM HELST I VÄRLDSALLTET

INNEHÅLL

BEKRÄFTELSE

TILL UNIVERSUM, EFTERSOM UNIVERSUM ÄR SKAPAREN AV ALLT
SOM EXISTERAR I DET

Kapitel 1
MIKROUNIVERSUMET

När vi väl vet hur den minsta energimängden producerades ur ingenting, och som vi har gett namnet almatrino, var det denna infinitesimala energimängd som startade universums energi. Men vi måste förtydliga förklaringen, eftersom detta sätt att se på hur universum bildades kommer att förändra de flesta människors sätt att tänka. I den här boken kommer vi nämligen att fastställa hur elektronkärnorna bildades, och elektronerna som genom att integreras med elektronkärnorna gav upphov till all materia som finns i universum. Och även hur och varifrån och på vilket sätt den magnetiska energin uppstod som gav upphov till manliga och kvinnliga varelser; som i den mänskliga arten representerar man och kvinna. Eller varifrån och hur den sammanhållande kärleksenergin och energin av avvisande uppstod.

När det gäller attraktionsenergin eller känslan av kärlek kunde vetenskapsmän som Albert Einstein inte förklara varifrån denna sammanhållande energi uppstår, vilket är anledningen till att Albert Einstein tillskrev den till en varelse som inte existerar, eftersom denna varelse är osynlig.

Men på samma sätt måste vi dra slutsatser om hur livet för alla djur på jorden uppstod, eller varför det är så att det bland levande varelser finns en större variation av växter än av djur.

Alla djur som finns på jorden kommer från den energi som utgår från universum, så alla levande varelser som finns på jorden har samma rätt att existera, eftersom jorden inte är en planet som enbart är avsedd för människans existens.

Vid denna tidpunkt i vår vetenskapliga historia är syftet att alla människor ska förstå att vi alla är bröder och systrar, eftersom vi alla är en konsekvens av universums rörelse. Därför bör människorna bevara livet på planeten Jorden och livet på planeten Jorden.

Det är en vetenskaplig berättelse som tvingar alla människor att öppna vägen till en verklig kunskap om tillvaron, men inte till ett filosofiskt förhållningssätt, som kommer att leda oss till en berättelse om en fantasi. Det är en fantasi, som accepteras av majoriteten av de människor som tillfälligt lever på planeten Jorden i denna tid.

Vi kan säga att denna filosofis historia började med den grekiske tänkaren Claudius Ptolemaios' strategi, där Ptolemaios på ett filosofiskt sätt fastställde att universums centrum var jorden.

Denna filosofiska tanke togs som sann av människorna, vilket är anledningen till att olika typer av religioner etablerades. På ett sådant sätt att idén fördes vidare till andra filosofiska tänkare, som anpassade Claudius Ptolemaios geocentrismiska tanke, och det skulle ske i enlighet med matematikens utveckling, tills man nådde fram till tänkaren Aristoteles filosofi.

Under tiden började den vetenskapliga historien med italienaren Galileo Galilei. Med ett litet teleskop kunde Galileo Galilei se ut i rymden utanför jorden, och Galileo insåg att universums centrum varken var jorden eller solen. Men det var Francis Bacon i England som konfronterade de rent filosofiska idéerna hos tänkaren Aristoteles. Francis Bacon var en samtida med Galileo Galilei, och Francis Bacon hävdade att varje teori bör testas genom experiment.

Så vid denna punkt i denna fascinerande vetenskapshistoria kan vi veta vid vilken tidpunkt universum började bildas, eftersom all den energi som universum hittills har fått sitt ursprung i almatrinos rörelse. Låt oss säga den medvetna energin och den energi som inte är medveten om sin existens.

Den energi som är medveten om sin existens är den magnetiska massan som bildar andar, och den energi som inte är medveten om sin existens är den elektroniska materia som bildar alla fasta kroppar.

Den fysiska kroppens materia rör sig, eftersom andens magnetiska energi är det som besjälar eller driver den, men när andens magnetiska massa separerar sig från den fysiska kroppens elektroniska materia blir den fysiska kroppens elektroniska materia livlös som materia utan självmedvetande. Det vill säga, den verkliga formen av liv är andens magnetiska massa, för andarna utgör den medvetna delen av universum.

Det finns bara två typer av energi i universum: 1) elektronisk energi och 2) magnetisk energi genereras av den elektroniska energins rörelse. Dessa två typer av energi utgör universums energisystem.

Genereringen av elektronisk energi kan förklaras genom rörelsen av en almatrino med hjälp av energilikningen $Ev=m_0C^3$, eftersom en almatrino är den minsta energimängd som gör det möjligt för oss att förbinda ingenting med det infinitesimala universumet. Och för att förklara uppkomsten av ett infinitesimalt universum kan vi skriva energidekvationen infinitesimalt i formen $dEv=dmC^3$; eller integralt $\Delta Ev=\Delta mC^3$. I verkligheten är C^3 inte ljusets hastighet i kubik, utan C^3 representerar en proportionalitetskonstant; det är detta som gör att vi kan införa likhetstecknet i energiavvikelsen.

Vi skulle till exempel kunna skriva att: $\Delta Ev = \Delta m\Psi$ där Ψ är lika med värdet av C^3, men denna nya konstant ändrar inte jämlikhetens värde. C kan betraktas som ljusets hastighet, eftersom ljusets hastighet är en universell konstant. I denna ekvation är $\Delta E = E_f - E_0$ och $\Delta m = m_f - m_0$. Det vill säga, med denna ekvation kan vi projicera från universums nollpunkt till en tid som är i plus oändlig. Därför kan vi hävda att universums existens inte kommer att kunna förändras och inte heller kommer den att kunna upphöra med tiden.

Om vi vill ta universums existens till en tidsskala kan vi säga att universums slut ligger i plus oändligheten, det vill säga att universums existens inte kommer att ha ett slut i en punkt på sin bana, eftersom universums tillväxt går mot ingenting, och i ingenting finns det ingenting som kan stoppa universums expansiva tillväxt. Därför kommer universums rörelse att vara evigt mot ingenting. I verkligheten imploderar universum till ett absolut vakuum.

Vi kan inte heller definiera universums existens vid punkt noll, eftersom universum inte existerade vid punkt noll. Universums existens kan vi säga att det startade från en punkt som ligger efter en minimitid, och universums minimitid är $5{,}391 \times 10^{-44}$ sekunder, det vill säga den tyska vetenskapsmannen Max Plancks minimitid.

Vid universums nollpunkt fanns det ingen elektronisk energi, eftersom almatrino i det ögonblicket började rotera med en tangentiell rörelseform. Med andra ord, vid nollpunkten var $E_0=0$, $m_0=0$ och $v_0=0$.

Före nollpunkten fanns det ingenting, och vid nollpunkten hade ingentinget samma storlek som almatrino. Ingenting var och kommer att förbli ett absolut vakuum, eftersom ingenting existerar i ingenting.

Utifrån tiden $5,593 \times 10^{-44}$ sekunder kan vi anta att en minsta mängd elektronisk energi bildades. Vi kan skriva denna inledande mängd elektronisk energi som den minsta mängden energi i det infinitesimala universumet E_0.

I det ögonblicket eller efter minimitiden hade almatrino redan börjat rotera runt sig själv med stor hastighet för att röra sig längs en elliptisk bana; men den elliptiska banan för almatrino blev större och större, eftersom almatrino skapade energi. Detta är vad som skapade det minsta utrymmet i det infinitesimala universumet, och det minsta utrymmet blev större och större allteftersom almatrinos rörelse producerade mer elektronisk energi.

Almatrino var tvungen att rotera allt snabbare för att kunna röra sig längs sin elliptiska bana, och denna elliptiska bana blev större och större för almatrino i det infinitesimala utrymmet där universum bildades.

Almatrinos rotationshastighet kunde dock inte ha ett oändligt värde, för om det hade varit så skulle den första almatrino fortfarande rotera för att på ett elliptiskt sätt färdas på den omloppsbana som universum har fram till idag. En hastighetsgräns nåddes alltså, där almatrinos elektroniska energi blev den första mängden elektronisk materia m_0 i det infinitesimala universumet.

Almatrino måste rotera allt snabbare för att täcka sin elliptiska bana. Varje gång det roterade runt sig självt skapade almatrinos mer energi, eftersom almatrinos rotationshastighet ökade i varje ögonblick, eftersom almatrinos elliptiska bana blev större. Därför blev utrymmet i vilket den energi som almatrinos rörelse gav upphov till förstorades. Men att säga allt detta tog oss ett tag; det som sades hände emellertid på bara ett ögonblick.

Denna gräns, eller där almatrinos rotationshastighet blev elektronisk materia, är den minsta mängden elektronisk materia m_0 i energidekvationen för universum $Ev=m_0C^3$.

Mängden elektronisk energi som blir elektronisk materia är att i 4 % av den elektroniska materian är 50 % av universums elektroniska energi koncentrerad. Det är ett naturligt sätt att koncentrera elektronisk energi i fast form. Om elektronisk energi inte hade koncentrerats i universum i form av elektronisk materia skulle universum vara helt platt och varken elektronisk materia eller de olika elektroniska kropparna skulle ha bildats.

Om vi ville omvandla elektronisk materia tillbaka till elektronisk energi skulle vi behöva få den elektroniska materian att röra sig med en hastighet av $2,7 \times 10^{16}$ kilometer per sekund, men ingen fysisk kropp kan röra sig med denna hastighet. Såvida inte den fysiska kroppens elektroniska materia kommer i kontakt med ett svart hål.

Den elektroniska materian kommer alltså att förbli fast, eller så kommer den elektroniska materian inte att kunna sönderdelas för att bli energi igen. Snarare ökar den elektroniska materian i vikt. Solen är till exempel en kärna, och för varje ögonblick som går blir solen större.

En ny planet kommer att dyka upp i universum med sin negativa laddning för att balansera solens positiva laddning, när den positiva laddningen i solens kärna är tillräckligt stor för att rymma den nya planeten.

För att kunna röra sig i sin elliptiska bana var almatrino alltså tvungen att rotera snabbare än sin translationshastighet, och almatrinos rotationshastighet skapade mer elektronisk energi, och almatrinos elektroniska energi omvandlades till mer elektronisk materia.

Denna minsta elektroniska energi är den energi som vi kallar universums ursprungliga elektroniska energi, som vi representerar med E_0.

Det var på detta sätt som den första mängden elektronisk energi bildades i universums första energinivå; därefter bildades de olika energinivåerna mot ett värde som tenderar mot oändligheten med hänsyn till universums infinitesimala storlek.

Förmodligen var den värme som genererades mycket stor i förhållande till universums infinitesimala storlek, men universum började svalna i takt med att utrymmet i vilket universum bildades ökade.

Kapitel 2
MAGNETIC MASS AND ELECTRONIC MATTER

På varje energinivå skapades fem typer av elektroniska energier. På energinivå 1 bildades därför 2 elektronenergier som flödar uppåt (↑↑) och 2 elektronenergier som flödar nedåt (↓↓). På den energinivå 1 är den elektroniska energin hos almatrino 5 den elektroniska energi som förbinder energinivå 1 med energinivå 2 (↑↓↑↓↑); därför drar vi slutsatsen att almatrino 1 från vilken det infinitesimala universumet började bildas hade en elektronisk energi som pekade uppåt (↑).

Den elektroniska energin hos almatrino 6 i nivå 2 måste också peka uppåt, så att energinivå 1 spontant och sekventiellt kunde kopplas samman med energinivå 2. Och så skedde det på ett successivt sätt med följande elektroniska energinivåer.

På energinivå 1 integrerades de elektroniska energierna hos almatrinos 1 och 3 (↑↑) och bildade en positiv elektronisk materia.

På samma energinivå 1 integrerades de elektroniska energierna hos almatrinos 2 och 4 (↓↓) och en negativ elektronisk materia bildades.

Den elektroniska energins fluiditet är på ett omväxlande sätt (↑↓↑↓↑), för på detta sätt avvisas almatrinos 1 och 2 (↑↓), det vill säga almatrinos 1 och 2 integreras inte. Samma sak händer på den nivån 1 med almatrinos 3 och 4 (↑↓) dessa 2 almatrinos avvisar varandra.

Därför måste flödet av den elektroniska energin från almatrino 5 i nivå 1 vara uppåt (↑); det vill säga i samma riktning som det elektroniska flödet från almatrino 6 i energinivå 2 (↑) så att energinivå 1 (↑) kan förenas med energinivå 2 genom integration av almatrino 5 i energinivå 1 med almatrino 6 i energinivå 2 (↑). På detta sätt integrerades alla energinivåer.

Det vill säga, dessa värden för integrering av energinivåerna gick upp till ett oändligt värde; men det är detta som visar oss att vi i intet kan ha endast ett enda universum; därför har vi inte flera universum. I ingenting kan endast ett universum ha bildats.

Energinivåernas alternerande kraft (↑↓↑↓↑) är det som gör stjärnorna oberoende: till exempel är solen oberoende av sina planeter.

Solen, som är en positiv kärna, måste rotera från vänster till höger (→); därför är flödet av elektronisk energi från solens kärna uppåt.

Merkurius måste rotera från höger till vänster (←), dvs. med en rotationsriktning som är motsatt till solens. Flödet av Merkurius elektroniska energi är alltså nedåt, dvs. negativt; därför måste Merkurius sydpol peka nedåt.

Venus måste rotera från vänster till höger (→) precis som solen.

Jorden måste rotera från höger till vänster (←) precis som Merkurius, men tvärtemot Venus och solen. Därför är jordens sydpol, dvs. jordens negativa pol, nedåtriktad.

Det uppstår alltså ett flöde av negativ energi från jorden mot solen. När vi till exempel på jorden ser en energistråle produceras, är det inte så att strålen faller mot jorden, utan att strålen lämnar jorden mot solens positiva kärna. Jorden är nämligen en planet som har en negativ elektronisk energi. Vi borde kalla planeten Jorden för den tredje satelliten till solens kärna.

Om det inte fanns någon växlande rörelse i flödet av elektronisk energi skulle solen och planeterna ha förenats till en elektronisk kropp, och det skulle inte finnas några stjärnor i universum. Denna energi på ett växlande sätt är det vi kallar gravitationskraften.

Stjärnorna är redan integrerade som kärnor (↑) eller satelliter (↓); därför, om två intilliggande stjärnor separerades av en kraft som flödar i samma riktning (↑↑ eller ↓↓) skulle de två stjärnorna smälta samman till en. Det som skapar en avstötande kraft mellan två stjärnor som gränsar till varandra är att de två stjärnorna har ett flöde av elektronisk energi i motsatt riktning (↑↓ eller ↓↑). På så sätt integrerar inte de två intilliggande stjärnorna utan stöter bort varandra. Det är denna repellerande kraft som gör att stjärnorna kan hålla sig isär.

Flödet av den elektroniska energin i en tredje stjärna (↑↓↑) är lika stort som flödet av den elektroniska energin i den första stjärnan; och detta är den kraft som håller de tre stjärnorna samman. Och så kommer det att vara på ett successivt sätt. Det är en asymptotisk kraft av attraktion och repulsion som håller ihop universum som en enda energetisk kropp. Om krafterna mellan stjärnorna inte var på detta alternerande sätt skulle universum ha förflyktigats till ingenting.

Integreringen av almatrinos kan förklaras av en spontan eller naturligt förekommande sannolikhet. De 2 uppåtriktade elektroniska energierna (↑↑) är alltså positiva. Dessa 2 positiva energier representerar en sannolikhet för integration; därför integrerades dessa 2 positiva almatrinos och den positiva elektroniska materian i den första positiva elektroniska kärnan (↑) i det infinitesimala universumet bildades.

Medan de 2 nedåtgående elektroniska energierna (↓↓) kallas negativa elektroniska energier. Dessa 2 negativa eller nedåtströmmande elektroniska energier integrerades och den första mängden negativ elektronisk materia, dvs. elektronerna (↓) i det infinitesimala universumet bildades.

Därefter integrerades den positiva elektroniska materian från de elektroniska atomkärnorna (↑) rumsligt med den negativa elektroniska materian från elektronerna (↓) och den första mängden neutral elektronisk materia (↑↓) i det infinitesimala universum bildades.

Denna minsta mängd elektronisk materia är vad vi kallar m_0 i universums energiavvikelse $Ev=m_0C^3$, det vill säga den minsta mängden ursprunglig materia i det infinitesimala universum.

Genom den elektroniska energins rörelse bildades den magnetiska energin. De 2 elektronenergier som flödar uppåt (↑↑) skapar de 2 magnetiska energierna som roterar från vänster till höger (→→); vi kallar dessa 2 magnetiska energier som roterar från vänster till höger för positiva magnetiska energier. Dessa 2 positiva magnetiska energier integrerades, och den första positiva magnetiska massmängden i det infinitesimala universumet bildades.

De 2 negativa eller nedåtriktade elektroniska energierna ($\downarrow\downarrow$) skapar de 2 negativa eller från höger till vänster roterande magnetiska energierna ($\leftarrow\leftarrow$). De 2 negativa magnetiska energierna integrerades och den första mängden negativ magnetisk energi i det infinitesimala universumet bildades.

Den positiva magnetiska energin kan integreras rumsligt med den negativa magnetiska energin för att bilda den första fysiska kroppen i det infinitesimala universumet. Denna fysiska kropp är infinitesimal; därför kan den vara den fysiska kroppen för universums första virus.

Denna energiska attraktionskraft mellan magnetiska massor är det som skapar den sammanhållande energi eller empati som vi kallar kärlek; men denna attraktionsenergi sker mellan en kvinnlig och en manlig varelse; det vill säga detta är den energiska attraktionskraft som Albert Einstein inte kunde förklara.

Virus kan leva inkapslade i miljontals år och vakna upp ur sitt viloläge som funktionella fysiska kroppar när miljöförhållandena är uppfyllda. På jorden var förhållandena alltså de rätta, så virus vaknade upp på jorden och muterade och gav upphov till prokaryotatiska och eukaryotatiska celler. Dessa celler muterade i sin tur, och på jorden gav de upphov till den stora mångfalden och variationen av levande varelser, inklusive växtligheten.

Det är troligare att mutationer inträffar oftare i växtligheten, eftersom växterna står närmare varandra och växternas blommor står närmare varandra, så briser, myror och bin bidrar till att mutationer uppstår. Vegetationens täcke spred sig och täckte planetens jords ogästvänliga terräng med grönt.

Vad vi inte kommer att få veta är på vilken energinivå de magnetiska varelser som ockuperar varje elektronisk kropp på jorden producerades. Vi kommer till exempel inte att kunna avgöra på vilken energinivå den magnetiska massan hos människans olika andar producerades.

Vi kan placera levande varelser på en kunskapsskala, och varje levande varelse kommer att kunna utvecklas genom att placera sig själv på denna kunskapsskala. Men vi kan inte säga att det i universum finns arkiv för tillvarons minne där den förvärvade kunskapen lagras, eftersom en andes magnetiska minne har en oändlig lagringskapacitet.

Det var på detta sätt som de olika kropparna av elektronisk materia, som upptas av de olika mönstren av magnetisk massa, bildades.

Elektronernas negativa laddning kan röra sig bort från de positiva atomkärnornas attraktionskraft, eftersom atomkärnans attraktionskraft kan förbli som en proton utan elektroner. Protonerna kan alltså inte resa i form av elektronstrålning, därför är 99 % av den positiva elektronmassan koncentrerad i elektronkärnan.

Solen är till exempel större och mer massiv, men vi har redan nämnt att solen är en elektronkärna.

Elektronisk materia intar en plats i rymden och bildar en elektronisk substans som har tyngd, eftersom elektronisk materia har kärnor och elektroner som påverkas av den elektroniska energins attraktion och repulsion, dvs. av gravitationskraften.

Den magnetiska massan däremot innehåller ingen elektronisk materia, eftersom den magnetiska massan inte innehåller några kärnor eller elektroner. Därför har den magnetiska massan hos en ande ingen vikt. Så den magnetiska massan i en ande påverkas inte av gravitationskraften och kan röra sig mycket snabbt. Den magnetiska massan upptar dock en plats i rymden. Men på samma sätt som vi sade att elektronisk materia bildar en elektronisk substans, måste vi föreslå ett slags magnetisk massasubstans för att kunna definiera en andes magnetiska massa; för den substans som bildar elektronisk materia är annorlunda än den substans som bildar en andes magnetiska massa. Den magnetiska massan bildar en holografisk stämpel.

För tillfället måste vi definiera denna stämpel som en magnetisk energi, men den magnetiska energin hos en ande är annorlunda än energin hos elektronisk materia. En andes energi har inga kärnor och inga elektroner; därför är en andes energi en neutral massa som bildar en holografisk substans.

Och det var på detta sätt som andarnas olika holografiska mönster bildades genom att integrera de olika typerna och sorterna av magnetiska energier i de olika nivåerna av elektroniska energier. Låt oss säga från ett virus, en bakterie, en kolibri, en gorilla, en giraff, en elefant eller en människa.

Den holografiska stämpel som bildar den magnetiska massan hos en ande kan formas och växa till samma storlek som vilken fysisk kropp som helst. Till exempel kan den magnetiska massan i en människas ande finnas i en babys fysiska kropp, och kommer att växa i takt med att barnet växer tills barnet är vuxet. Samma sak kan sägas om till exempel en kolibri, en salamander, en insekt, en kyckling eller en struts.

Så när den andliga varelsen måste skilja sig från sin fysiska kropp kommer den andliga varelsen att bilda ett avtryck som är en kopia av den fysiska kroppens sista form, och den kommer att se ut på jorden i samma slags plagg, men detta plagg kommer inte att ha en elektronisk utan en magnetisk form.

Och ingenting kan stå stilla i universum, eftersom universum är energimässigt självförsörjande genom rörelse. Denna energetiska aktivitet har pågått i mer än 13,8 miljarder år och ingenting kan stoppa den. Denna tid innebär ett ögonblick på $1,45 \times 10^{-5}$ år, eller 7,6 minuter, om vi jämför det med den tid som en människa på 80 år kan ha levt på jorden. Vi kommer alltså att se nya galaxer uppstå, och med dessa galaxer kommer nya solar att uppstå med ett antal planeter som motsvarar den elektroniska laddningen hos kärnan i varje sol som bildas i det nya utrymme som skapas av universums expansiva rörelse.

Och var och en kommer på sitt eget sätt eller på ett mycket speciellt sätt att väva sina egna verk, eller bygga sin egen evolutionära väg. Vi kan åka till Rigel och tillbaka på så lite som 1,0 dag. Men det är ett avstånd som en ljusstråle som färdas med 300 000 kilometer per sekund skulle behöva 865 år för att färdas.

FÖRFATTARENS ARBETE

Examen i kemisk teknologi från kemifakulteten vid Universidad Central de Venezuela. Påbyggnadsstudier i livsmedelsvetenskap och -teknik. Särskilt arbete med kemi av naturprodukter och kemi av sjukdomar. Konstruktör av kemiska processer. De böcker som anges nedan är en produkt av tankar; därför måste dessa böcker revideras i takt med att vi blir klarare över hur universum bildades, så försök att läsa den senaste upplagan av varje bok. Dessa böcker är: "The Chemistry of Cancer". "Diabetesens kemi". "Hjärtattack". "Alzheimers". "Kemin av artrit". "Tankens kemi". "Andens kemi". "Hur universum bildades". "Expensalisterna". "Varför man inte bör äta kött". "Mikrovärlden". "Finns Gud verkligen?". "Invändningar mot Albert Einsteins relativitetsteori". "Att spå framtiden". "De stora vetenskapsmännens misstag". "Livet på solen". "Universum före nolltid". "Andens energi". "Cancerens ursprung". "Cellernas värld". "Sjukdomarnas kemi". "Partikeln som skapade universum". Cancerens kemi, sjunde upplagan. Diabetesens kemi, sjätte upplagan; Hjärtattackens kemi, fjärde upplagan; Minnets kemi; Artritens kemi, tredje upplagan. "The Creative Power of the Mind". Partikeln som skapade universum, tredje upplagan. "Universums ursprungliga massa", tredje upplagan. "Du bör inte äta kött". "Kroppens och andens ursprung". "Tillbe universum". "Socker en fiende i köket". "Tidsresor". Cancerens kemi, utgåva 8. Diabetesens kemi, utgåva 7.

Kemin för hjärtattacker, utgåva 5. Andens minne, utgåva 1, artritens kemi, utgåva 5. "Andens liv". "Rewriting Science" (omskrivning av vetenskapen). "Universums början". "Andlig tillväxt". "Andens koppling till kroppen". "Livets ursprung". "Döden existerar inte". Cancerens kemi, sista upplagan. Partikeln som skapade universum, sista upplagan. "Andens införlivande med den fysiska kroppen". "Jag kom från solen". "Sjukdomar som kan förebyggas". "Livets ursprung på jorden". "Universums begynnelseögonblick". "Universums ekvation".